# 思念的森林

## FORÊTS FÉERIQUES: 100 COLORIAGES ANTI-STRESS

[法] 马特·穆尔盖 著
Marthe Mulkey

广西科学技术出版社

**著作权合同登记号**　　桂图登字：20-2015-132号

Art Thérapie / Forêts féeriques © 2014 Hachette-Livre (Hachette Pratique).

Illustrations by Marthe Mulkey

Simplified Chinese edition arranged through Dakai Agency Limited

**图书在版编目（CIP）数据**

烦了就想画几笔：思念的森林／（法）穆尔盖著.—南宁：广西科学技术出版社，2015.10
ISBN 978-7-5551-0479-7

Ⅰ．①烦… Ⅱ．①穆… Ⅲ．①心理压力-调节（心理学）-通俗读物 Ⅳ．①B842.6-49
中国版本图书馆CIP数据核字（2015）第202885号

FAN LE JIU XIANG HUA JI BI: SINIAN DE SENLIN
烦了就想画几笔：思念的森林

--------------------------------------------------------------------------

作　　者：[法] 马特·穆尔盖　　　　封面设计：视觉共振
产品监制：陈恒达　　　　　　　　　版式设计：视觉共振
责任编辑：陈恒达　袁靖亚　冯 兰　　版权编辑：周　琳
责任印制：林　斌　　　　　　　　　责任校对：曾高兴　田　芳

出 版 人：韦鸿学　　　　　　　　　出版发行：广西科学技术出版社
社　　址：广西南宁市东葛路66号　　邮政编码：530022
电　　话：010-53202557（北京）　　0771-5845660（南宁）
传　　真：010-53202554（北京）　　0771-5878485（南宁）
网　　址：http://www.ygxm.cn　　　 在线阅读：http://www.ygxm.cn

经　　销：全国各地新华书店
印　　刷：北京市雅迪彩色印刷有限公司　　邮政编码：100121
地　　址：北京市朝阳区黑庄户乡万子营东村
开　　本：899mm×1194mm 1/16
印　　张：4
版　　次：2015年10月第1版　　　　印　　次：2015年10月第1次印刷
书　　号：ISBN 978-7-5551-0479-7
定　　价：48.00元

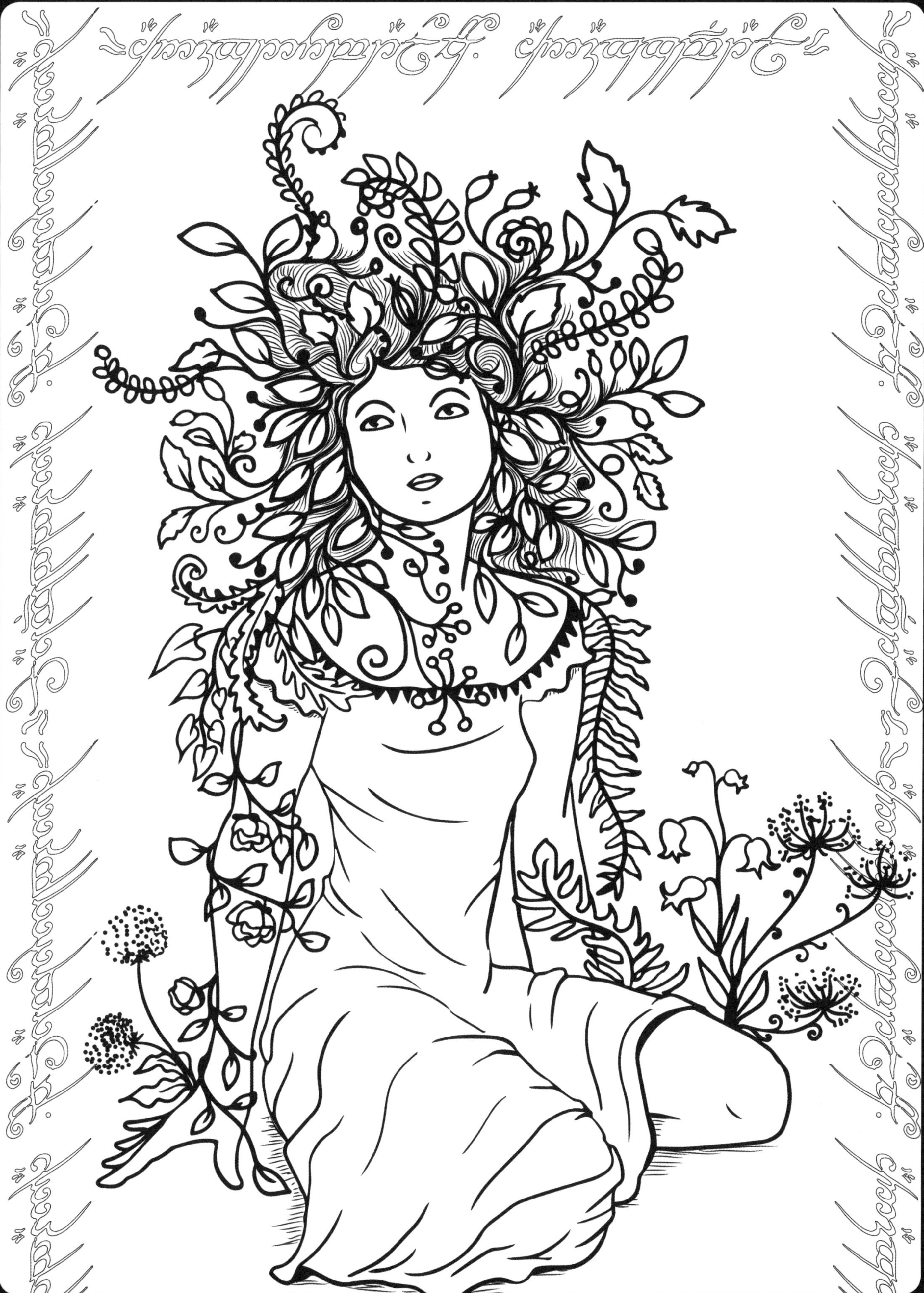

*Dear*

*Sincerely yours*

*Dear*

Sincerely yours

Dear

Sincerely yours